Greifvögel und Eulen Seite 72 – 79
Waldkauz, Bussard und Turmfalke: Sie alle sind hervorragende Jäger. Mit den sprichwörtlich scharfen Augen der Greifvögel werden meist kleinere Säugetiere vom Beobachtungsposten oder aus der Luft erspäht und dann mit spitzen Krallen erbeutet. Eulen hingegen jagen meist nachts, wobei ihr feines Gehör selbst das leiseste Rascheln einer Maus vernimmt.

Wasservögel Seite 80 – 107
Weißstorch, Höckerschwan und Silbermöwe: Alle diese Vögel leben unmittelbar am oder auf dem Wasser. Wasservögel fetten entweder ihr Gefieder mit einem besonderen Sekret ein oder müssen es nach dem Tauchen trocknen lassen wie der Kormoran. Tauchend oder gründelnd gehen z. B. Enten auf Futtersuche oder holen wie die Watvögel dank ihrer langen Schnäbel Muscheln und Würmer aus dem Sand.

Vögel

Holger Haag

KOSMOS

Bekannte Vögel

Kohlmeise
Seite 18

Rauchschwalbe
Seite 24

Buchfink
Seite 52

Weißstorch
Seite 90

Amsel
Seite 37

Waldohreule
Seite 72

Stockente
Seite 83

Rotmilan
Seite 74

Lachmöwe
Seite 104

Höckerschwan
Seite 82

Austernfischer
Seite 94

Inhalt

Amsel, Drossel, Fink und Star …

In diesem Buch werden die 98 häufigsten Vögel unserer Wälder, Felder, Parks, Gärten und Gewässer gezeigt. Mit Fernglas, Bestimmungsbuch und einem Notizheft ist die Ausrüstung auch schon komplett und die Suche nach den verschiedenen Vogelarten kann losgehen. Aber nicht nur das Entdecken neuer Arten macht Spaß. Genauso spannend ist es mit anzusehen, wie sich zwei Amseln um einen Regenwurm streiten, eine Meise geschickt einen Sonnenblumenkern aufpickt oder wie der kleine Zaunkönig laut schmetternd sein Lied vorträgt.

Vögel bestimmen

Zur Bestimmung eines Vogels sind die Körpermerkmale wichtig. Also, wo befinden sich Brust- oder Schwungfedern, was ist ein Überaugenstreif oder ein Flügelspiegel. Die Namen für die Federn und Körperteile sind, ob Stockente oder Kohlmeise, bei den meisten Vogelarten gleich und können gut miteinander verglichen werden.

Beim Beobachten sollten Sie sich möglichst viele Merkmale einprägen oder aufschreiben, dann ist es hinterher einfacher, den Vogel im Bestimmungsbuch wiederzufinden. Wie sieht der Schnabel aus? Welche Farbe hat der Kopf? Hat der Vogel einen kurzen oder langen Schwanz? Je mehr Kennzeichen Sie beobachten, desto einfacher wird die Bestimmung des Vogels. Sie werden sehen, schon nach kurzer Zeit können Sie viele Arten erkennen und in ihre Familien einteilen.

Gesänge und Rufe

Viele Vogelarten machen vor allem mit ihrem Gesang oder ihren Rufen auf sich aufmerksam. Für geübte Vogelbeobachter ist das oft die schnellste und einfachste Bestimmungsmöglichkeit, zu der nicht einmal ein Fernglas nötig ist.

Aber aller Anfang ist schwer und die Stimmen sind oft gar nicht so leicht zu unterscheiden. Am besten lernen Sie die Gesänge und Rufe auf Exkursionen mit erfahrenen Vogelguckern oder Vogelstimmen-CDs oder -DVDs kennen.

Vögel beobachten

Der Winter ist die ideale Jahreszeit, um mit dem Vogelbeobachten zu beginnen. Die Zahl der Vogelarten ist noch recht übersichtlich, denn viele Arten sind zum Überwintern in den Süden gezogen. Außerdem lässt sich die Vogelwelt gut am Futterhäuschen beobachten. Oft beginnt das Interesse für Vögel sogar mit der Winterfütterung. Hier lassen sie sich lange und ausführlich beobachten und man kann sich in Ruhe die Merkmale einprägen. Im Frühling kommen nach und nach die Zugvögel wieder zurück und erfreuen uns mit ihrem Gesang. Nicht viele Dinge sind so eindrucksvoll, wie ein Vogelkonzert im Morgengrauen. Im Sommer wird es in der Vogelwelt wieder etwas ruhiger und stiller. Die Vögel sind mit der Aufzucht der Jungen beschäftigt.

Das macht das Bestimmen einiger Arten etwas schwieriger, denn viele Jungvögel sehen ganz anders aus als ihre Eltern.

Im Herbst gibt es dann wieder mehr zu sehen: die Vögel bereiten sich auf den Winter vor oder sammeln sich für ihren langen Flug in den Süden. Während kleine Zugvögel oft nachts, einzeln oder in Schwärmen (z. B. Stare) ziehen, fliegen etliche große Vögel (z. B. Wildgänse) in auffälliger V-Formation.

Schon schnell werden Sie feststellen, dass es einige „Allerweltsarten" gibt, die man fast überall antrifft. Andere Vogelarten sind dagegen nur in ganz bestimmten Lebensräumen zu finden. Als Einsteiger ist der Garten oder der Park das ideale Beobachtungsrevier, da können Sie schon eine ganze Menge Arten entdecken. Die Vögel sind hier an Menschen gewöhnt und vielleicht nicht ganz so scheu. An Seen und an der Küste ist es dagegen viel schwieriger. Hier kommen meist deutlich mehr Arten vorbei und die Entfernungen beim Beobachten sind größer.

Pirol

wird 22 bis 25 cm groß, von Mai bis Sept.

Trotz seiner auffälligen Färbung ist der Pirol nur schwer in den Baumkronen zu entdecken. Sein Gesang ist sehr melodisch.

- Männchen gelb mit schwarzen Flügeln, Weibchen grünlich
- Brütet in Parks, Laub- und Auwäldern

Neuntöter

wird 16 bis 18 cm groß, von Mai bis Sept.

Insekten, Mäuse und andere Beute, die er nicht gleich frisst, spießt der Neuntöter als Vorrat auf Dornen auf. Er sitzt gerne erhöht.

- Rotbrauner Rücken, grauer Kopf und schwarze Maske
- Bewohnt Hecken und gebüschreiche Landschaften

Eichelhäher

wird 32 bis 35 cm groß, kommt ganzjährig vor

Im Herbst legt sich der Eichelhäher einen Vorrat für den Winter an, indem er Eicheln und andere Baumfrüchte im Boden versteckt.

- Rosabraunes Gefieder, ein schwarzer Bartstreif, blauschwarzes Flügelfeld
- In Laubwäldern und Parks

Elster

wird 40 bis 51 cm groß, kommt ganzjährig vor

Ihr schlechtes Image verdankt sie ihren „Raubzügen" auf Singvogelnester, obwohl dies keinen Einfluss auf deren Bestände hat.

- Großer, schwarzweißer Vogel mit langem, gestaffelten Schwanz
- In Städten, Dörfern und Feldgehölzen

Dohle

wird 30 bis 34 cm groß, kommt ganzjährig vor

Das gesellige „Burgfräulein“ unter den Vögeln verbündet sich im Winter oft mit großen Krähenschwärmen.

- Kleiner Rabenvogel mit grauem Hinterkopf
- Höhlenbrüter in Laubwäldern, Parks, Steinbrüchen und Burgruinen

Rabenkrähe

wird 44 bis 51 cm groß, kommt ganzjährig vor

Um Walnüsse zu knacken, lassen diese findigen Vögel die Nüsse aus großer Höhe so lange auf den Asphalt fallen, bis sie aufplatzen.

- Wie ein kleiner Kolkrabe, aber mit geradem Schwanzende
- Lebt in Stadt-, Wald-, und Agrarlandschaften

Kolkrabe

wird 54 bis 67 cm groß, kommt ganzjährig vor

Der größte europäische Rabenvogel brütet oft schon im Februar. Das Weibchen wird dabei vom Männchen mit Nahrung versorgt.

- Schwarzes Gefieder, mächtiger Schnabel und keilförmiger Schwanz
- Im Bergland und in großen Waldgebieten

Blaumeise

wird 10 bis 12 cm groß, kommt ganzjährig vor

Die Höhlenbrüterin mit der blauen Kappe nimmt gerne Nistkästen an und legt durchschnittlich neun bis elf Eier.

- Kopfkappe, Flügel und Schwanz blau, Unterseite gelb ohne Mittelstreif
- Brütet in Laub- und Mischwäldern, Parks und Gärten

Kohlmeise

wird 13 bis 15 cm groß, kommt ganzjährig vor

Unsere größte und häufigste Meise besiedelt fast alle Lebensräume mit Bäumen, vom Meer bis zu den Alpen.

- Schwarzweißer Kopf, gelbe Unterseite mit schwarzem Mittelstreif
- Brütet überall wo es Bäume gibt

Tannenmeise

wird 10 bis 12 cm groß, kommt ganzjährig vor

Der Name verrät ihre Vorliebe für Nadelbäume. Durch das Anpflanzen von Koniferen hat sich die Art in Europa stark ausbreiten können.

- Schwarzer Kopf mit weißen Wangen und weißem Nackenfleck
- Brütet in Nadel- und Mischwäldern, im Winter auch in Laubbäumen

Haubenmeise

wird 10 bis 12 cm groß, kommt ganzjährig vor

Die kleinen Meisen mit der dreieckigen „Haube“ bleiben meist am gleichen Ort und sind oft als Paar gemeinsam zu beobachten.

- Schwarz-weiß gesprenkelte Federhaube, schwarze Kehle
- Stark an Nadelbäume gebunden

Sumpfmeise

wird 11 bis 13 cm groß, kommt ganzjährig vor

Sumpfmeisen legen im Winter bei einem Überangebot an Samen einen Vorrat in den Ritzen und Spalten von Rinden an.

- Kopfplatte und Kinn glänzend schwarz, Oberseite bräunlich
- Bewohnt Parks, Laub- und Mischwälder

Schwanzmeise

wird 13 bis 15 cm groß, kommt ganzjährig vor

Im Winter streifen die Federbällchen mit den langen Schwänzen in kleinen Trupps umher und kuscheln sich nachts eng aneinander.

- Kleiner Körper mit langem Schwanz, schwarz-weiß gestreifter Kopf
- Brütet in Laub- und Mischwäldern

Feldlerche

wird 17 bis 21 cm groß, kommt ganzjährig vor

Die Lerche macht mit ihrem minutenlangen Singflug Furore: schwebt hoch in die Luft und lässt sich dann wie ein Stein zu Boden fallen.

- Braun gestricheltes Gefieder, kleine Federhaube
- Kommt auf Feldern, Wiesen und Weiden vor

Rauchschwalbe

wird 17 bis 21 cm groß, von März bis Oktober

Bei der Partnerwahl sind die Schwanzspieße entscheidend, denn je länger die Spieße der Männchen, desto besser der Bruterfolg.

- Blauschwarz glänzende Oberseite, rotes Gesicht
- Brütet in Gebäuden und unter Brücken

Mehlschwalbe

wird 13 bis 15 cm groß, von April bis Oktober

Diese kleine Schwalbe jagt in höheren Luftschichten zusammen mit Mauerseglern. Das Nest wird aus Lehmklümpchen gebaut.

- Im Flug mit leuchtend weißem Bürzel, gegabelter, kurzer Schwanz
- Lebt in Kolonien, in Städten und Dörfern, brütet außen an Häusern und Ställen

Fitis

wird 11 bis 12 cm groß, von April bis Sept.

Dieser Bodenbrüter sucht seine Nahrung oben in Bäumen und Sträuchern. In Skandinavien einer der häufigsten Vögel.

- Gelblich grünes Gefieder, helle Beine
- Gebüschreiche, aber lichte Wälder in Wassernähe, auch in Parks

Zilpzalp

wird 10 bis 12 cm groß, von März bis Oktober

Er ruft seinen eigenen Namen („zilp zalp“) und ist der „Zwillingsbruder“ vom Fitis. Er gleicht ihm sehr, singt aber ganz anders.

- Graubraunes Gefieder mit etwas Grün, dunkle Beine und kurze Flügel
- Brütet in Wäldern Parks und Gärten

Teichrohrsänger

wird 12 bis 14 cm groß, von Mai bis Oktober

Sein knarrender Gesang, mit sich wiederholenden Strophen ist unverkennbar. Dieser Vogel baut ein kunstvolles Nest an die Schilfhalme.

- Bräunliche Oberseite, Unterseite weißlich, spitzer Kopf
- In Schilfbeständen von Gewässern und Gräben

Mönchsgrasmücke

wird 13 bis 15 cm groß, von April bis Oktober

Im Herbst ziehen Holunderbeeren sie magisch an. Viele Mönchsgrasmücken überwintern neuerdings in Großbritannien.

- Männchen mit schwarzer, Weibchen mit brauner Kopfkappe
- Häufigste Grasmücke in Wäldern, Parks und Gärten

Dorngrasmücke

wird 13 bis 15 cm groß, von April bis Sept.

Von ihrer Singwarte, einem Zaunpfahl oder einer Buschspitze startet die Dorngrasmücke den typischen, wellenförmigen Singflug.

- Hat eine weiße Kehle und rötlich braune Flügel
- Brütet in offenem Gelände mit Büschen und Hecken

Klappergrasmücke

wird 12 bis 14 cm groß, von April bis Oktober

Im Herbst zieht der Vogel mit dem klappernden Gesang im Gegensatz zu vielen anderen Singvögeln nach Südosten.

- Grauer Kopf mit dunkleren Wangen, Kehle weiß
- Gebüschreiche, lichte Wälder, Parks und Gärten

Wintergoldhähnchen

wird 8 bis 9 cm groß, kommt ganzjährig vor

Mit nur 5 Gramm unser leichtester und auch kleinster Vogel. Zieht im Winter oft mit gemischten Meisentrupps durch die Wälder.

- Sehr klein, grünlich, mit gelbem oder orangefarbigem Scheitelstreif
- Lebt in Nadel- und Mischwäldern

Gartenbaumläufer

wird 12 bis 14 cm groß, kommt ganzjährig vor

Hüpft Baumstämme ruckartig und spiralförmig hinauf. Sucht in den Spalten und Ritzen der Rinde nach Insekten.

- Rindenfarbene Oberseite, Unterseite weißlich, gebogener Schnabel
- In Laubwäldern, Parks und Gärten

Kleiber

wird 12 bis 15 cm groß, kommt ganzjährig vor

Nur Kleiber können Bäume kopfüber hinunterlaufen. Der Eingang der Bruthöhle wird mit Lehm der Körpergröße angepasst.

- Oberseite blaugrau, schwarzer Augenstreif, Unterseite orange
- Lebt in Laub- und Mischwäldern und in Parks

Zaunkönig

wird 9 bis 10 cm groß, kommt ganzjährig vor

Klein, aber oho! Der winzige, wuselige Zaunkönig ist einer der lautesten Sänger und huscht wie eine Maus durchs Unterholz.

- Braun und rundlich, oft steil nach oben gerichteter Schwanz
- In Wäldern, Parks und Gärten

Wasseramsel

wird 17 bis 20 cm groß, kommt ganzjährig vor

Der einzige Schwimmer und Taucher unter den Singvögeln, lässt sich durch die Flügelstellung von der Strömung unter Wasser drücken.

- Braunschwarzes Gefieder mit einer weißen Brust
- An schnell fließenden Flüssen und Bächen, sucht Insektenlarven unter Wasser

Amsel

wird 24 bis 29 cm groß, kommt ganzjährig vor

Wir schätzen alle den schönen Gesang des ehemals scheuen Waldvogels, heute einer der bekanntesten Vögel.

- Männchen: schwarz mit gelbem Schnabel, Weibchen: braun
- Brütet in Wäldern und in Siedlungen

Singdrossel

wird 20 bis 22 cm groß, von Feb. bis Nov.

Schlagen Schneckenhäuser an Steinen (Drossel-schmiede) auf, um dann den weichen Inhalt zu fressen.

- Kleine Drossel mit brauner Oberseite und schwarz gepunkteter Brust
- In Wäldern und Parks, am Boden in Gebüschnähe und an Waldrändern

Wacholderdrossel

wird 22 bis 27 cm groß, kommt ganzjährig vor

War früher nur ein Wintergast aus Sibirien und bereicherte als Krammetsvogel den Speiseplan, heute in ganz Mitteleuropa.

- Kopf und Rücken grau, orangegelbe Brust und laut schackernde Rufe
- Brütet in kleinen Kolonien in Wäldern, Feldgehölzen und Parks

Grauschnäpper

wird 13 bis 15 cm groß, von Mai bis Sept.

Beim „Schnäpperflug“ schnappt sich der Vogel die Insekten nach kurzem Jagdflug aus der Luft und kehrt zu seinem Ansitz zurück.

- Graubraune Oberseite und eine fein gestrichelte Brust
- Offene Wälder, Waldränder, Parks und Gärten

Trauerschnäpper

wird 12 bis 14 cm groß, von April bis Sept.

Trauerschnäpper machen einen Schleifenzug, das heißt, sie fliegen aus Afrika auf einer deutlich östlicheren Route zurück.

Rotkehlchen

wird 13 bis 14 cm groß, kommt ganzjährig vor

Das Rotkehlchen besticht durch seinen besonderen Liebreiz. Noch in der Dämmerung trägt es seinen „perlenden“ Gesang vor.

- Brust und Gesicht unverkennbar orangerot
- Ein häufiger, aber unauffälliger Brutvogel in Wäldern, Parks und Gärten

Nachtigall

wird 15 bis 17 cm groß, von April bis Sept.

Nicht nur nachts, sondern auch am Tag erklingen ihre wunderschönen Lieder. Ihr Gesangsrepertoire ist sehr vielseitig.

- Braunrote Oberseite und ein rötlicher Schwanz
- Lebt unauffällig in gebüschreichen Parks, Hecken und Waldrändern

Hausrotschwanz

wird 13 bis 14 cm groß, von März bis Oktober

Früher war er ein reiner Gebirgs- und Felsbewohner, heute hat er die künstlichen Felsen aus Mauern und Fassaden erobert.

- Grauschwarzes Gefieder mit rostrotem Schwanz, Weibchen bräunlich
- Lebt in Städten, Dörfern und Felslandschaften

Gartenrotschwanz

wird 13 bis 14 cm groß, von April bis Sept.

Durch Trockenperioden in den Überwinterungsgebieten und die schwindenden Lebensräume ist er bei uns selten geworden.

- Schwarzer Kopf mit weißem Stirnband, Unterseite und Schwanz rotorange
- An Baumbeständen wie Streuobstwiesen, Parks und Gärten

Haussperling, Spatz

wird 14 bis 16 cm groß, kommt ganzjährig vor

Der tschilpende Straßenmusikant lebt in monogamer Dauerehe. Durch Einbürgerungen ist er fast weltweit verbreitet.

- Grauer Scheitel, schwarzer Kehllatz und eine bräunliche Oberseite
- Häufig in Städten und Dörfern

Feldsperling

wird 13 bis 14 cm groß, kommt ganzjährig vor

Der Spatz mit den schwarzen „Ohrenwärmern“ ist im Winter oft mit Goldammern an Scheunen und Futterplätzen unterwegs.

- Rotbrauner Oberkopf und ein schwarzer Fleck auf der weißen Wange
- In Dörfern, Obstgärten und Feldgehölzen, brütet gern in Nistkästen

Heckenbraunelle

wird 13 bis 14 cm groß, kommt ganzjährig vor

Sie lebt sehr zurückgezogen und sucht ihre Nahrung am Boden. Nur den Gesang trällert sie auffällig von Busch- und Baumspitzen.

- Kopf und Brust sind blaugrau, Oberseite erinnert an Spatzen
- Lebt im Unterholz von Wäldern, Parks und Gärten

Bachstelze

wird 17 bis 19 cm groß, von März bis Oktober

Schwanzwippend läuft die Bachstelze mit schnellen Trippelschritten Insekten hinterher, gerne auf kurzrasigen Wiesen.

- Schwarz-weiß-graues Gefieder mit langem Schwanz
- Brütet in abwechslungsreicher Kulturlandschaft in Wassernähe

Gebirgsstelze

wird 17 bis 20 cm groß, kommt ganzjährig vor

Die Gebirgsstelze sitzt gerne am Rand von kleinen Bächen und Flüssen und wippt unermüdlich mit dem Schwanz.

- Sehr langer Schwanz, hellgelbe Unterseite und schwarze Kehle
- Meist an schnell fließenden Gewässern, in den Alpen bis in 2000 Meter Höhe

Wiesenschafstelze

wird 15 bis 16 cm groß, von April bis Sept.

Die auffällig hübsche Stelze hält sich gerne in der Nähe von Vieh auf und schnappt sich dort aufgescheuchte Insekten.

- Leuchtend gelbe Unterseite und olivgrüne Oberseite
- Lebt auf Feuchtwiesen, Mooren und Äckern

Buchfink

wird 14 bis 16 cm groß, kommt ganzjährig vor

Der schöne, bunte Buchfink ist unser häufigster Vogel. Im Winter bildet er größere Schwärme und besucht gerne die Futterhäuser.

- Rostrote Unterseite und blaugraue Kappe, im Flug zwei Flügelbinden
- In Wäldern, Parks und Gärten

Bergfink

wird 14 bis 16 cm groß, von Sept. bis April

Gibt es in „Mastjahren" reichlich Bucheckern, können sich in Buchenwäldern große Schwärme Bergfinken versammeln.

- Brust schön orange, Kopf grauschwarz, im Flug leuchtend weißer Bürzel
- In Laubwäldern, Parks und Gärten

Kernbeißer

wird 17 bis 18 cm groß, kommt ganzjährig vor

Mit seinem kräftigen Schnabel knackt er spielend harte Kirschkerne, Pflaumenkerne und Hainbuchensamen.

- Dickköpfiger Fink mit mächtigem Schnabel, Flügelbinde und Schwanzende weiß
- In Laub- und Mischwäldern, Parks

Gimpel, Dompfaff

wird 16 bis 17 cm groß, kommt ganzjährig vor

Den Gimpel hielt man früher als Käfigvogel, da er ein guter Stimmenimitator ist und sogar ganze Lieder nachpfeifen kann.

- Bullige Gestalt, schwarze Kopfplatte und weißer Bürzel
- Unauffälliger Brutvogel in Parks und Mischwäldern

Grünfink

wird 14 bis 16 cm groß, kommt ganzjährig vor

Der häufige und selbstbewusste „Platzhirsch“ am Futterhäuschen verjagt Spatzen und Amseln mit geöffnetem Schnabel.

- Körper grüngrau mit gelbem Flügelfeld, kräftiger kegelförmiger Schnabel
- Brütet in lichten Wäldern, Parks und Gärten

Erlenzeisig

wird 11 bis 12 cm groß, kommt ganzjährig vor

Im Winter sieht man ihn oft in kleinen Trupps an Erlen oder Birken, wo er geschickt an den Zweigen herumturnt.

- Kopf gelblich grün mit schwarzer Kappe, gelbe Flügelbinde
- Brütet meist in Nadelwäldern mit Fichten

Girlitz

wird 11 bis 12 cm groß, von April bis Okt.

Obwohl er mit dem Kanarienvogel verwandt ist, erinnert sein quietschender Gesang eher an eine rostige Fahrradkette.

- Kleiner gelblicher Fink mit kurzem Schnabel und gelbem Bürzel
- Brütet in Parks und Gärten

Stieglitz, Distelfink

wird 12 bis 14 cm groß, kommt ganzjährig vor

Fröhlich ruft dieses rote Clowngesicht „sti-ge-lit“. Im Herbst frisst er gerne Distelsamen und heißt deswegen auch Distelfink.

- Unverkennbare rot-weiß-schwarze Kopfzeichnung
- In lockeren Baumbeständen: Obstwiesen, Alleen und Parks

Rohrammer

wird 13 bis 15 cm groß, kommt ganzjährig vor

In milderen Lagen Mitteleuropas überwintern Rohrammern. Nur die nördlichen und östlichen Vögel wandern nach Südwesteuropa.

- Schwarzer Kopf mit weißem Bartstreif und Nackenband
- Brütet im Schilf, in Sumpfwiesen und feuchten Gräben

Goldammer

wird 16 bis 17 cm groß, kommt ganzjährig vor

Die attraktive Goldammer singt auch in der größten Mittagshitze ihr melancholisches Lied „Ich ich ich hab dich Liiiiiiieb“.

- Kopf und Unterseite gelblich, Bürzel rotbraun
- Lebt in offenem Gelände mit Büschen und Feldgehölzen

Star

wird 16 bis 17 cm groß, kommt ganzjährig vor

Sein Herbstkleid ist stark weiß gefleckt, dann wird er „Perlstar“ genannt. Im Herbst sammeln sich riesige Schwärme.

- Metallisch schillerndes Gefieder, gelber Schnabel und schreitender Gang
- Brütet in Höhlen an Waldrändern, Obstwiesen und Parks

Mauersegler

wird 17 bis 19 cm groß, von April bis Sept.

Er verbringt fast sein gesamtes Leben im Flug und schläft sogar in der Luft. Je nach Wetterlage jagt er hoch oder tief nach Insekten.

- Schwarzes Gefieder und lange, steife sichelförmige Flügel
- Nistet unter Hausdächern und in Baumhöhlen

Ringeltaube

wird 38 bis 43 cm groß, kommt ganzjährig vor

Ihr Nest besteht nur aus ein paar wenigen zusammengeflochtenen Ästen und sieht etwas unfertig und schlampig aus.

- Unsere größte Taube mit relativ kleinem Kopf und einem weißen Halsfleck
- Häufig in Wäldern und Parks

Türkentaube

wird 31 bis 34 cm groß, kommt ganzjährig vor

Die zierliche Taube kam erst in den 1950er-Jahren aus Südosteuropa zu uns und hat sich seitdem in ganz Europa verbreitet.

- Kleine, langschwänzige Taube mit schwarzem Nackenband
- In Städten und Dörfern verbreitet

Kuckuck

wird 32 bis 36 cm groß, von April bis Sept.

Als fremdes Ei ins Nest eines anderen Singvogels gelegt, schmeißt der früher geschlüpfte Jungkuckuck die Singvogeleier heraus.

- Langer Schwanz und gebänderte Brust ruft seinen Namen „kuckuck“
- An Waldrändern und Heckenlandschaften

Eisvogel

wird 17 bis 19 cm groß, kommt ganzjährig vor

Dieser schillernde „Edelstein" gräbt eine etwa einen Meter lange Wohnröhre in das Steilufer eines Gewässers.

- Türkisfarbener Kopf und Oberseite, prächtiges Orange an der Brust, fliegt knapp über dem Wasser
- An Flüssen, Bächen und Seen mit Steilufer

Grünspecht

wird 30 bis 36 cm groß, kommt ganzjährig vor

Seine Leibspeise sind Ameisen, die dieser „Erdspecht“ auf dem Boden sucht. Dabei hilft ihm seine ca. 10 cm lange, klebrige Zunge.

- Grüne Oberseite, roter Oberkopf und eine schwarze Gesichtsmaske
- In offenen Wäldern, Streuobstwiesen und Parks

Schwarzspecht

wird 40 bis 46 cm groß, kommt ganzjährig vor

Jedes Jahr baut unser größter Specht eine neue Bruthöhle in Buchenholz. Alte Höhlen dienen anderen Tieren als Behausung.

- Bis auf die rote Kopfplatte ist das Gefieder schwarz
- Meist in größeren Wälder mit alten Bäumen

Buntspecht

wird 23 bis 26 cm groß, kommt ganzjährig vor

Seinem Schädel machen die harten Schläge beim Hämmern nichts aus. Beim Klettern stützt er sich mit dem Schwanz ab.

- Schwarz-weißes Gefieder und leuchtend roter Unterschwanz
- Lebt in Wäldern und Parks

Rebhuhn

wird 28 bis 32 cm groß, kommt ganzjährig vor

Bei Gefahr drückt es sich flach auf den Boden und fliegt erst im letzten Moment auf. Die Jungen fliegen schon nach zwei Wochen.

- Orangeroter Kopf und ein dunkler Bauchfleck, knatterndes Fluggeräusch beim Auffliegen
- Abwechslungsreiche Feldlandschaften und Brachflächen

Waldohreule

wird 31 bis 37 cm groß, kommt ganzjährig vor

Die Knochen und das Fell ihrer Beute sind unverdaulich und werden als haariger Klumpen (Gewölle) wieder herausgewürgt.

- Lange, nach oben gerichtete Federohren, orange Augen
- Wälder, Feldgehölze und Parks

Waldkauz

wird 37 bis 39 cm groß, kommt ganzjährig vor

Der Waldkauz galt früher als Todesbote, denn aus dem nächtlichen „kuwitt“ des Weibchens hörte man „Komm mit“ heraus.

- Großer dicker Kopf mit dunklen Augen, häufige graue und seltene rotbraune Variante
- In Wäldern und Parks

Rotmilan

wird 61 bis 72 cm groß, von März bis Nov.

Für den Rotmilan hat Deutschland eine besondere Verantwortung, da über die Hälfte des Weltbestandes hier brütet.

- Deutlich gegabelter, rotbrauner Schwanz, Kopf hell
- Brütet in waldreicher Ackerlandschaft

Mäusebussard

wird 46 bis 58 cm groß, kommt ganzjährig vor

Als typischen Ansitzjäger sieht man ihn oft auf erhöhten Posten sitzen, wo er auf seine Beute lauert und sie im kurzen Stoßflug ergreift.

- Sehr variables Gefieder, im Flug mit breiten Flügeln und kurzem Schwanz
- Brütet an Waldrändern und Feldgehölzen

Sperber

wird 29 bis 41 cm groß, kommt ganzjährig vor

Der sehr wendige Singvogeljäger fängt seine Beute im Überraschungsangriff, der lange Schwanz ist dabei das Steuerruder.

- Männchen orange-braun, Weibchen dunkel gebändert, deutlich größer
- Lebt in Wäldern, Feldgehölzen, auch in Parks

Turmfalke

wird 31 bis 37 cm groß, kommt ganzjährig vor

Unser häufigster Falke, der in seinem bekannten Rüttelflug auf Mäuse wartet und sie dann im Sturzflug erbeutet.

- Oberseite rotbraun, mit dunklen Flecken, Kopf blaugrau
- Brütet in offener Landschaft, aber auch in Dörfern und Städten

Seeadler

wird 76 bis 92 cm groß, kommt ganzjährig vor

Der deutsche Wappenvogel hat in Ostdeutschland so zugenommen, dass er sich jetzt auch wieder weiter nach Westen hin ausbreitet.

- Weißer Schwanz, mächtiger, gelber Hakenschnabel, breite Flügel
- An Meeresküsten und großen Binnengewässern, fängt auch Wasservögel bis Gänsegröße

Steinadler

wird 80 bis 100 cm groß, kommt ganzjährig vor

Der beeindruckende Gebirgsvogel besiedelt weite Teile der nördlichen Halbkugel. Er ist die am weitesten verbreitete Adlerart.

- Dunkelbraunes Gefieder, mit einem goldgelben Nacken
- In Deutschland nur in den Alpen

Graugans

wird 75 bis 90 cm groß, kommt ganzjährig vor

Paare bleiben meist ein Leben lang zusammen. Ende Mai bis Anfang Juni mausern die Gänse und sind in dieser Zeit flugunfähig.

- Die größte graue Gans mit orangefarbenem Schnabel und rosa Beinen
- Überwintert meist in Küstennähe

Kanadagans

wird 90 bis 110 cm groß, kommt ganzjährig vor

Diese größte inzwischen heimische Gans wurde erst im 20. Jahrhundert zunächst in Skandinavien und dann bei uns eingebürgert.

- Langer schwarzer Hals und Kopf mit markanten weißen Kopfseiten
- Überwintert vor allem an der Ostsee

Höckerschwan

wird 145 bis 160 cm groß, kommt ganzjährig vor

Beim Gründeln erreicht er Wasserpflanzen in bis zu einem Meter Tiefe. Zur Brutzeit verteidigt er sein Revier äußerst aggressiv.

- Unverwechselbar mit weißem Gefieder und orangerotem Schnabel
- Auf Seen, Parkgewässern und an der Ostsee

Stockente

wird 51 bis 62 cm groß, kommt ganzjährig vor

Von unserer häufigsten heimischen Ente stammen auch die Hausenten ab. Schon Ende März kann man sie mit Jungen sehen.

- Männchen: grün schillernder Kopf, gelber Schnabel, Weibchen: unauffällig braun gemustert
- Gewässer aller Art

Löffelente

wird 44 bis 52 cm groß, von März bis Oktober

Von der Wasseroberfläche fischt sie mit ihrem löffelartigen Schnabel Wasserpflanzen und kleine Tierchen.

- Das braun-weiß-grün gefärbte Männchen fällt in jedem Ententrupp sofort auf.
- Seltener Brutvogel, aber häufig Durchzügler

Tafelente

wird 42 bis 49 cm groß, kommt ganzjährig vor

Im Winter wandern viele osteuropäische Tafelenten zu uns. Sie tauchen auch nachts nach Pflanzenteilchen und Insektenlarven.

- Männchen mit grauweißem Körper und braunrotem Kopf
- Seltener Brutvogel, überwintert auf Seen und großen Flüssen

Reiherente

wird 40 bis 47 cm groß, kommt ganzjährig vor

Die Reiherente kann besonders tief und lange tauchen. Mit ihrem Schnabel sucht sie kleine Muscheln am Gewässergrund.

- Schwarz-weißes Gefieder, Federschopf am Hinterkopf
- An Seen, geschützten Küsten und Flüssen aller Art

Haubentaucher

wird 46 bis 41 cm groß, kommt ganzjährig vor

In den ersten Wochen tragen die Eltern ihre Jungen oft auf dem Rücken. Haubentaucher können bis 40 Meter tief tauchen.

- Wasservogel mit langem Hals und schwarzbrauner Kopfhaube
- An größeren Seen mit Schilf oder Uferbewuchs

Kormoran

wird 80 bis 100 cm groß, kommt ganzjährig vor

Der erfolgreiche Fischjäger durchkämmt die Gewässer systematisch und geht alleine und in Gruppen auf die Jagd.

- Hat ein schwarzes, metallisch glänzendes Gefieder
- Lebt in Kolonien an Seen, Flüssen und am Meer

Graureiher

wird 84 bis 102 cm groß, kommt ganzjährig vor

Im Gegensatz zum Storch fliegt der Graureiher mit eingezogenem Hals. Er jagt Fische, Mäuse und andere Kleinsäuger.

- Grau-weißes Gefieder, langer Hals und ein dolchartiger gelborangefarbiger Schnabel
- Brütet in Kolonien auf Bäumen

Weißstorch

wird 100 bis 115 cm groß, von März bis Sept.

Auf ihrem Weg in den Süden meiden Störche lange Flüge über Wasser, weil ihnen hier die Thermik für den Segelflug fehlt.

- Schwarz-weißes Gefieder, roter Schnabel und rote Beine
- Brütet oft auf Hausdächern und sucht seine Nahrung auf Wiesen und Weiden

Kranich

wird 114 bis 130 cm groß, von März bis Nov.

Auf dem Zug fliegen Kraniche laut rufend in Keilformation. Sie brüten sehr unauffällig in Mooren und Bruchwäldern.

- Schwarz-weiß-rote Kopfzeichnung
- Im Herbst bilden sich große Sammlungsplätze an der Ostsee

Blässhuhn

wird 36 bis 38 cm groß, kommt ganzjährig vor

Als Allesfresser ist das Blässhuhn einer der häufigsten Wasservögel. Zum Tauchen nimmt es Anlauf mit einem kleinen Kopfsprung.

- Schwarzes Gefieder, mit leuchtend weißem Stirnschild
- Auf allen Gewässern, im Winter in großen Trupps

Teichhuhn

wird 32 bis 35 cm groß, kommt ganzjährig vor

Mit seinen langen, grünen Zehen kann es gut über Schwimmblätter laufen. Zuckt beim Laufen ständig mit dem Schwanz.

- Gelb-roter Schnabel, stellt den Schwanz oft auf
- In der Uferzone von Seen und Flüssen

Austernfischer

wird 40 bis 45 cm groß, kommt ganzjährig vor

Dieser auffällige Küstenvogel stochert mit seinem Schnabel nach Würmern und hackt damit auch Muscheln auf.

- Wegen des schwarz-weißen Gefieders, dem roten Schnabel und Beinen auch Halligstorch genannt
- Überall an der Küste häufig

Säbelschnäbler

wird 42 bis 46 cm groß, von März bis Oktober

Mit seinem gebogenen Schnabel pflügt er durch das Flachwasser oder den Schlick. So filtert er Kleinlebewesen heraus.

- Charakteristisch: der nach oben gebogene Schnabel
- In Lagunen und Flachwasserbereichen am Meer

Kiebitz

wird 28 bis 31 cm groß, von März bis Nov.

Die atemberaubenden Flugmanöver während der Balz verdankt er seinen breiten, lappenartigen Flügeln.

- Grün-metallisch glänzendes Gefieder und ein feiner Federschopf
- Brütet auf Feuchtwiesen und Äckern

Flussregenpfeifer

wird 16 bis 18 cm groß, von März bis Sept.

Seine Eier legt er in Bodenmulden auf Kies- und Schotterflächen, dort ist der brütende Vogel dank seiner Färbung kaum zu sehen.

- Schwarz-weiße Gesichtsmaske, schwarzes Brustband
- Bevorzugt Süßwasser z. B. Flussufer und Kiesseen

Großer Brachvogel

wird 48 bis 57 cm groß, kommt ganzjährig vor

Mit dem langen Schnabel kommt er an tief im Boden lebende Würmer und Muscheln. Im Flug flötet er sehr melodisch.

- Nach unten gebogener Schnabel
- Brütet in Mooren und Feuchtwiesen, im Winter an der Küste

Uferschnepfe

wird 37 bis 42 cm groß, von März bis Sept.

Am Brutplatz macht sie nicht nur mit lauten Rufen auf sich aufmerksam, sondern auch mit einem eindrucksvollen Balzflug.

- Lange Beine und ein langer, gerader Schnabel
- Brütet in Niedermooren und Feuchtwiesen, auf dem Zug an der Küste

Rotschenkel

wird 24 bis 27 cm groß, kommt ganzjährig vor

Rotschenkel sitzen zur Brutzeit gerne auf Pfosten und anderen erhöhten Warten, um Feinde rechtzeitig zu entdecken.

- Lange rote Beine, im Flug ein weißer Flügelhinterrand, ruft kurz „tüt, tüt“
- Brütet im feuchten Grünland, im Winter an der Küste

Flussuferläufer

wird 18 bis 20 cm groß, von April bis Oktober

Dieser Watvogel wippt häufig mit dem Schwanz und fliegt mit kurzen Flügelschlägen knapp über der Wasseroberfläche.

- Kurzbeinige und geduckte Haltung, im Flug mit Flügelbinde, ruft kurz „hi-di-di“
- Auf dem Zug an unterschiedlichen Gewässern

Knutt

wird 23 bis 26 cm groß, von Juli bis Mai

Auf dem Zug rastet er in riesigen Schwärmen an der Nordseeküste. Er frisst kleine Muscheln, die erst im Muskelmagen geknackt werden.

- Kompakter, kräftiger Watvogel, im Brutkleid mit rostroter Unterseite
- Häufiger Gast an der Küste

Alpenstrandläufer

wird 17 bis 21 cm groß, kommt ganzjährig vor

Mit Schwärmen von bis zu 100.000 Vögeln ist er auf dem Zug unser häufigster Watvogel, als Brutvogel bei uns aber fast ausgestorben.

- Im Brutkleid am schwarzen Bauchfleck leicht zu erkennen
- Häufig an der Küste, selten im Binnenland

Lachmöwe

wird 35 bis 39 cm groß, kommt ganzjährig vor

Als Allesfresser fliegt diese kleine Möwe häufig hinter Fischkuttern her oder folgt auf Feldern dem pflügenden Traktor.

- Kleine Möwe mit dunkelbraunem Kopf, rotem Schnabel und roten Füßen
- An Küsten, Flüssen und größeren Seen, brütet in großen Kolonien

Sturmmöwe

wird 40 bis 46 cm groß, kommt ganzjährig vor

Sturmmöwen bleiben sich oft über Jahre treu. Sie brüten in kleineren Kolonien als Lachmöwen. Die drei Eier werden im Mai gelegt.

- Eine mittelgroße Möwe mit gelbem Schnabel und grünlichen Beinen
- An der Küste, im Winter auch im Binnenland

Silbermöwe

wird 54 bis 60 cm groß, kommt ganzjährig vor

Die Silbermöwe stiehlt oft Eier und Jungtiere anderer Vögel. Nach vier Jahren erreicht ihr Gefieder seine endgültige Farbe.

- Große Möwe mit rosa Beinen, gelber Schnabel mit rotem Punkt
- Im Winter auch an Seen und Flüssen

Flussseeschwalbe

wird 34 bis 37 cm groß, von April bis Oktober

Diese hübsche Seeschwalbe erbeutet kleine Fische im Sturzflug. Paare attackieren und verjagen Nestfeinde gemeinsam.

- Unterschied zur Küstenseeschwalbe: schwarze Spitze am roten Schnabel
- An der Küste, selten auch im Binnenland

Register

Bildnachweis

Adam 56, 62, 68, 88, 89, 95, 96, 97, 105; Angermeyer 8, 43, 80; Beringfoto-fotolia.com 78; Danegger 52, 64, 87; Diedrich 25, 76; Fünfstück 13, 26, 85; Fürst 45, 100; Groß 20, 30, 40, 61, 63, 106; Grüner 27, 79, 81, 83, 104; Halley 38, 57, 101; Hecker 14, 16, 31, 42, 66, 90, 92, 107; Hecker/Mestel 60, 86; Hinze 10, 82; Höfer 18, 23, 24, 33, 50, 53, 58, 75, 99; Klees 48; Klingebiel-fotolia.com 55; Limbrunner 21, 44, 47, 70, 84, 93, 94, 103; Moosrainer 9, 28, 39, 59, 65, 71, 77; nfox-fotolia.com 17; Nill 11, 46, 69, 102; Pforr 51; Ronny Hirschmann-fotolia.com 7, 74; Schmidt 67; Köhler 32; Synatzschge 72, 91; Zeininger 6, 12, 15, 19, 22, 29, 34, 35, 36, 37, 41, 49, 54, 73, 98

Umschlaggestaltung und Layout von Walter Typografie & Grafik unter Verwendung einer Aufnahme von S. R. Miller - Fotolia.com. Das Bild zeigt ein Rotkehlchen.

Das Foto auf der Seite 2/3 ist eine Aufnahme von K.-K. Häßler - fotolia.com. Mit 11 Farbillustrationen von Paschalis Dougalis.

Unser gesamtes lieferbares Programm und viele weitere Informationen zu unseren Büchern, Spielen, Experimentierkästen, DVDs, Autoren und Aktivitäten finden Sie unter **www.kosmos.de**

FSC www.fsc.org MIX Papier aus verantwortungsvollen Quellen FSC® C015829

Gedruckt auf chlorfrei gebleichtem Papier

ISBN: 978-3-440-13030-8
Redaktion: Teresa Baethmann
Printed in Italy / Imprimé en Italie

Abenteuer Natur für

→ Die besten Tipps zum Entdecken, Beobachten und Erleben

→ So macht Natur Spaß!

→ Natur tut gut – zu jeder Jahreszeit

die ganze Familie

€/D 9,95
978-3-440-12342-3

€/D 9,95
978-3-440-12586-1

Auf Entdeckungstour

€/D 4,95
978-3-440-13143-5

→ Mit dieser Drehscheibe bestimmst du sicher die häufigsten Vögel

→ Immer mit dabei dank praktischem Karabinerband

→ Für zu Hause: Verwende die Scheibe als spannendes Quiz

€/D 7,95
978-3-440-13139-3

€/D 7,95
978-3-440-13140-6

→ Entdecke die 66 wichtigsten einheimischen Arten

→ Mit zahlreichen zusätzlichen Tipps: Baue z.B. ein Vogelhaus

Ganz nah dran

€/D 12,95
ISBN 978-3-440-13026-1

→ Erforsche 50 Tiere und Pflanzen aus sechs Lebensräumen

→ Mit beigelegter Lupe und Notizblock geht die Expedition sofort los

→ Notiere ceine Beobachtungen und sammle Fundstücke in der Zip-Tasche

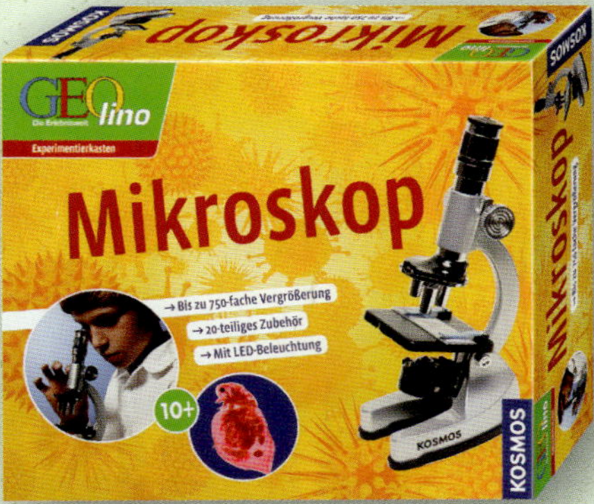

€/D 69,99 (UVP)
Art.-Nr.: 63571

- → Perfekt für den Einstieg in die Mikroskopie
- → Hohe optische Qualität für junge Forscher
- → Mit vielfältigen Zubehör zum Sofort-los-Mikroskopieren

Für junge Forscher

€/D 19,99 (UVP)
Art.-Nr.: 634919

- → Coole Pflanzenstation mit Kuppeldächern
- → Cleveres Bewässerungs- und Belüftungssystem für schnelle Zuchterfolge
- → Mit Anleitung in Bildern